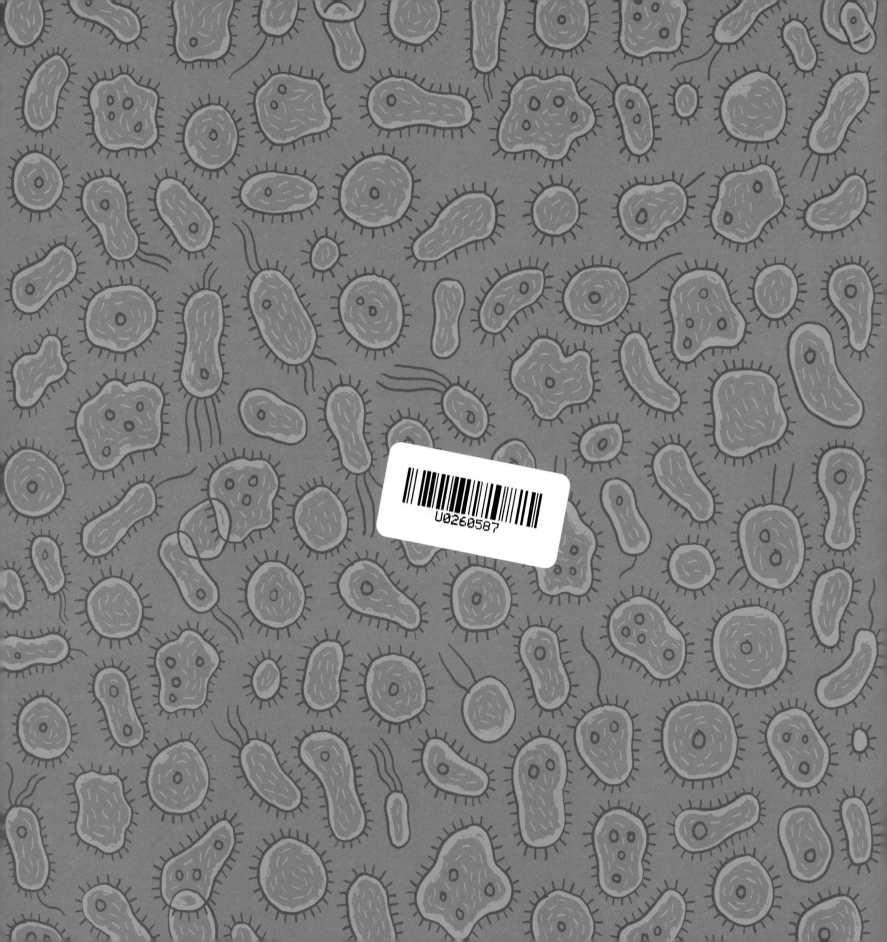

图书在版编目（CIP）数据

从前我们都是鱼 /（挪威）凯亚·达勒·纽胡斯著绘；
邹雯燕译 . -- 福州：海峡书局，2021.10
　　ISBN 978-7-5567-0865-9

Ⅰ . ①从… Ⅱ . ①凯… ②邹… Ⅲ . ①进化论一儿童
读物 Ⅳ . ① Q111-49

中国版本图书馆 CIP 数据核字 (2021) 第 187261 号

Verden sa ja

text &illustrations by Kaia Dahle Nyhus
Original title: *Verden sa ja*
Copyright © CAPPELEN DAMM AS 2019
Simplified Chinese edition copyright © 2021 by United Sky (Beijing) New Media Co., Ltd.
All rights reserved.

著作权合同登记号：图字 13-2021-067 号

出 版 人：林　彬
责任编辑：廖飞琴　杨思敏
特约编辑：周婧文
美术编辑：梁全新
封面设计：孙晓彤

从前我们都是鱼
CONGQIAN WOMEN DOUSHI YU

著 绘 者：[挪威]凯亚·达勒·纽胡斯
译　　者：邹雯燕
出版发行：海峡书局
地　　址：福州市白马中路15号海峡出版发行集团2楼
邮　　编：350001
印　　刷：北京雅图新世纪印刷科技有限公司
开　　本：787mm×1092mm 1/12
印　　张：4
字　　数：24 千字
版　　次：2021 年 10 月第 1 版
印　　次：2021 年 10 月第 1 次
书　　号：ISBN 978-7-5567-0865-9
定　　价：58.00 元

未小读
UnRead Kids
和世界一起长大

未读CLUB
会员服务平台

永不停歇的从前和未来

徐榕　童书评论人

翻过高原垭口，再从山脚下沿着"之"字形的山路蜿蜒而上，我到达了蔚为壮观的雪山观景台——加乌拉山口。这里是前往珠穆朗玛峰大本营的必经之地，海拔5200米左右，站在这里可以遥望5座8000米的雪峰。

观景台路边的摊位上，零散摆放着一些"化石"，打开圆圆的石头，里面露出海洋生物螺旋式的漂亮花纹，摊主用"喜马拉雅"式的豪迈口吻说道："从前这里都是海！"

作为旅行者，我很难将眼前8000米的连绵雪峰与远古时代的汪洋大海联系在一起——恰好此时，我收到了"未小读"编辑发送的绘本《从前我们都是鱼》。这本书即刻直观地佐证了眼前"沧海桑田"的变迁，把我带入了一片时间的汪洋。

这本书，沿着"从前的从前"这样一个"无底洞"，不断地追溯。好像把一张燃烧的纸，扔进一口深井，这张带着火焰的纸，慢慢坠落下去，同时也将一段段幽暗的井壁照亮。它在黑暗的深处越坠越深，也越来越小，最后好像变成了一颗小星星……深邃之中，小星星看见了什么？

如同这本书开篇的叙述：

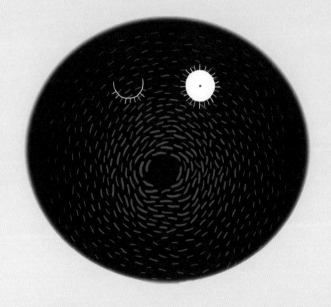

世界出现了；

时间出现了；

太阳出现了；

地球出现了；

四季出现了；

生命出现了……

幼小的孩子，也许站着都够不着妈妈的手，但也喜欢听"从前"的故事。"从前"之前还有"从前"，他们无法想象、也无法追溯"从前"的起源。

绘本总是有办法——只需要几个页面，就可以巧妙截取地球亿年历史中的闪耀时刻——地球的诞生、生命的起源，就可以让孩子们看到"从前的从

我们找到有河流的地方定居；

很多东西都会带来危险；

我们有了药物，有了汽车、电话，我们建造了城市；

所有的人都想要所有的东西；

我们会在夏天休假，去海边或者山里；

冰雪融化了，动物搬家了；

那些消失的东西，都很美好……

幼小的孩子，也许还不能看见世界的全部，但却拥有纯净、自由和敏感的心灵。在与孩子的对话中，在关照现实的共读和讨论中，成人可以听到他们令人惊讶的智慧而机敏的话语。

绘本总是有办法——只需要几个段落，就可以浓缩人类从使用工具、制造工具到建立分工协

作的社会的螺旋式文明历程，人类拥有的越来越多，却变得越来越贪婪，因而引发战争、污染、瘟疫、死亡……倾听孩子的提问，借助这本书的讲述，可以引导父母与孩子进行充满智慧的讨论。

这本书，沿着"永不停歇"这样一个主题，在世界的演进中，在人类的进化中，在社会的变迁中，不断地辩证和确认，在每一次危机中寻求"突围"和改变，创造新的机遇和发展。书中反复出现这样两句话：

世界就是这样了。

可是，世界没有一直保持这样。

幼小的孩子，拥有生命成长无限的可能，拥有未来世界的无限可能，"永不停歇"的意识根植于脑海中，成为常识，也会成为孩子未来人生从容应对变化的基本态度。

所有故事都以"从前……"开头，这本书只想讲述从前的事，那么未来的世界会变成什么样？

书的结尾写道："我们大概永远不会停下脚步。我们会一直变化。"书中讲述了永不停歇的"从前"，讲述了永不停歇的进化，都是为了昭示永不停歇的"未来"，是为了启迪永不停歇的思考——世界的未来会好吗？如何寻找自己最佳的生命状态？对未来有益的思考和实践是什么？这些命题就是故事埋藏的"种子"，会在孩子长远的生命之路上，慢慢开出智慧的花朵。

这本书由挪威作家凯亚·达勒·纽胡斯创作。为3-6岁的孩子讲述生命进化和人类社会变迁，并不是一件容易的事。作者用既诗意又通俗、既简洁又生动的文字，描述世界是如何诞生，如何从荒无人烟走向欣欣向荣的历程。为照顾儿童的阅读和理解，这些"宏大叙事"，采用"切片"和简化的方式，运用诗意的语言，在时间的汪洋中

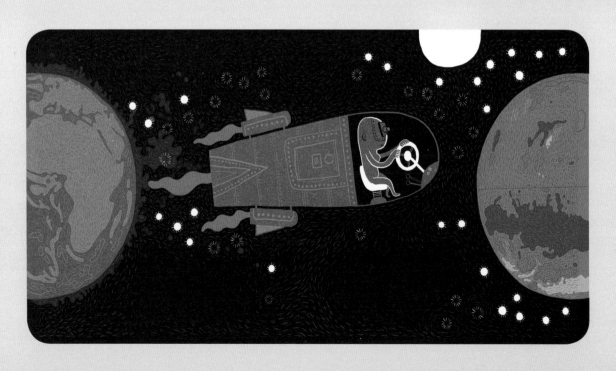

在人类进化和社会发展的篇章里，图画既要表现世界的衍变和未知，又要表现生命的坚韧与美好；既要表现"历史变化"，又要表现"全球人类"；既要表现人类与自然的冲突和顺应，也要表现恐惧、悲伤、愤怒、依恋、欢欣等各种情绪，作者采用夸张、变形的手法，并且穿插一些自由化的符号，加强色彩对比，进而强化图画的叙述功能，扩展图画的张力。

对于孩子而言，从环衬开始，连贯的画面就是一条时间的长河，充溢了鲜活的历史片段和细节，还有更多的意趣和奥妙等待他们发现。

"从前这里都是海！""从前我们都是鱼！"读完绘本书稿，在加乌拉山口重新面对喜马拉雅群山，一种"和世界一起长大"的感觉油然而生，凝望世界屋脊上延绵的皑皑山峰，心中忽然涌现"我要游过大海"的冲动……

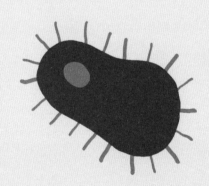

前"，懵懂而清晰，简洁而深邃地呈现他们眼前。

这本书，沿着"我从哪里来"这样一个简单的问题，不断地探寻。好像站立在两面镜子中间，可以无休止地看见镜子里的镜子，也可以看见镜子里无数个自己的影像。镜子里的影像面面相觑，越来越小，也越来越模糊……如同"镜中观照"，书中讲述了人类的起源：

从前我们都是鱼，游到海里；

陆地和植物出现了，我们爬上了岸；

有翅膀的鸟儿飞了起来，填满了整片天空；

狐狸做了窝，鹿到处跑；

小的猿猴大的猿猴，有些已经站起身，会用两条腿行走；

住在山洞里，在墙上画画，用火烤肉，用矛打猎；

我们比之前任何时候都聪明；

有了村子和部落，我们是人类……

　　幼小的孩子，也许还不能理解自己名字的含义，但他们却总喜欢问"我从哪里来"。这个困惑和好奇，会缠绕他们很久很久。

　　绘本总是有办法——只需要几个篇章，就可以让孩子们看到鱼—蜥蜴—鸟—猿猴—人的生物进化过程，这是专门写给幼儿的简明版答案。

　　这本书，沿着"关键节点"这样一个线索，在社会文明的发展中，在人类获得与失去的循环中，不断地追踪和反思。阅读这本书，仿佛经历了一个旅程，这个旅程是时间的，也是空间的；是历史的，也是个人的，既要探寻曾经发生了什么，又在寻找发生背后的价值和意义。价值和意义的诞生，就在成人与孩子一步一步的共读和共鸣中：

　　有些人死去了，有些人吃饱了；

逆流而上，跳跃地记叙"重要事件"和"关键节点"，并非完整和精准的"世界史"。同时，作者也用自己独特的绘画语言，渲染了宇宙的深奥、生命的神奇和创造的伟大。

"地球和其他许多小星球，都在不停地转啊转。"在这个页面里，图画非常直观地表现了地球、月亮和太阳的运转及其关系，色彩和结构上颇有胡安·米罗的画风。

"有些变得很危险，长出了锋利的牙齿……很遗憾，那些不聪明的死去了。"在这个页面里，巨大的鲜亮的恐龙撑满了画面，斗转星移的恐龙时代，是图画独立的叙述，与文字保持平行，互为补充。

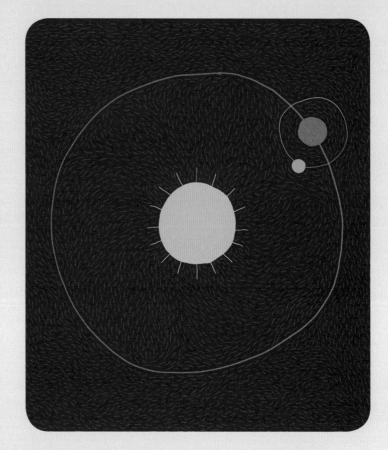

从前我们都是鱼

[挪威] 凯亚·达勒·纽胡斯 著绘

邹雯燕 译

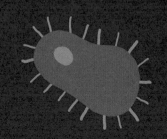

 海峡出版发行集团 | 海峡书局
THE STRAITS PUBLISHING & DISTRIBUTING GROUP

世界出现了。

世界大喊着。

世界说："太棒了！"

这是一切的开始。

时间也出现了。

时间说："太棒了！"

时间开始奔跑起来，

快速地奔跑着。

一切越来越快，

越来越冷，

整个世界都被冰冻住了。

太阳出现了，

有了阳光，

冰融化了。

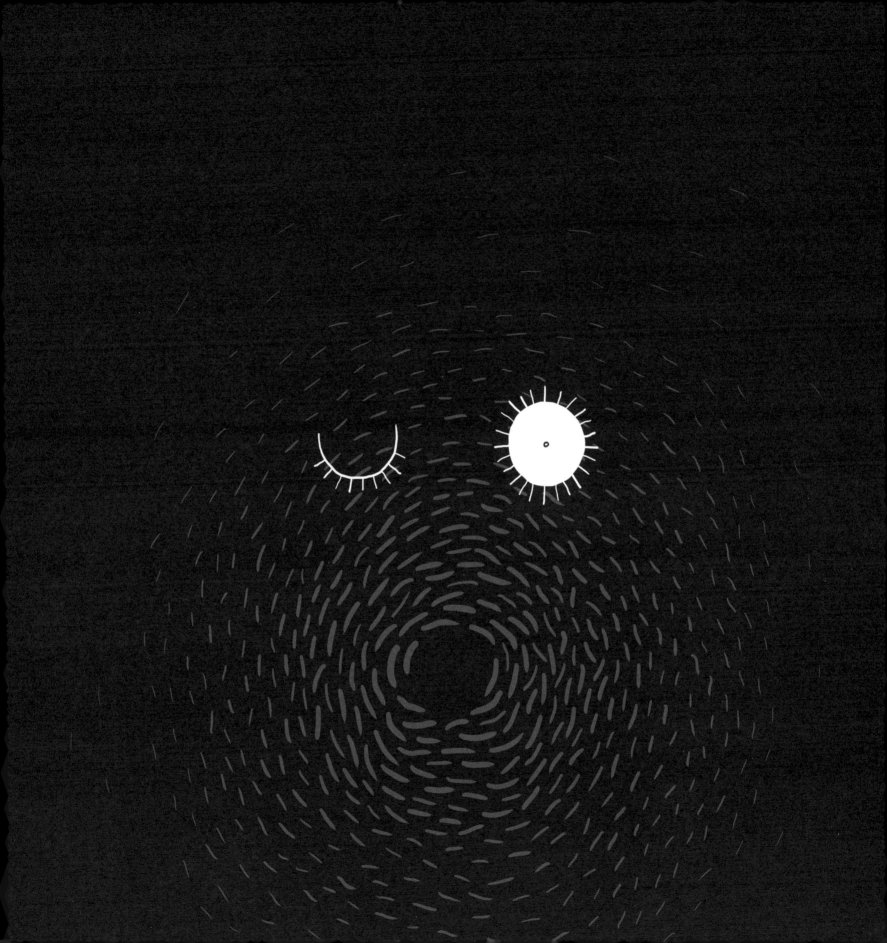

地球和其他许多小星球，

都在不停地转啊转，

它们自转，也围着太阳公转。

白天和黑夜出现了，

四季也出现了。

小星球们相互碰撞，

其中一颗撞到了地球。

它变成了月球，

从此一直和地球待在一起。

潮起和潮落出现了，往复循环。

整个地球都是水，

浪花和旋涡出现了。

我们有了氧气，有了水草，

有了各种各样的物质，

我们在水中诞生了。

生命出现了。

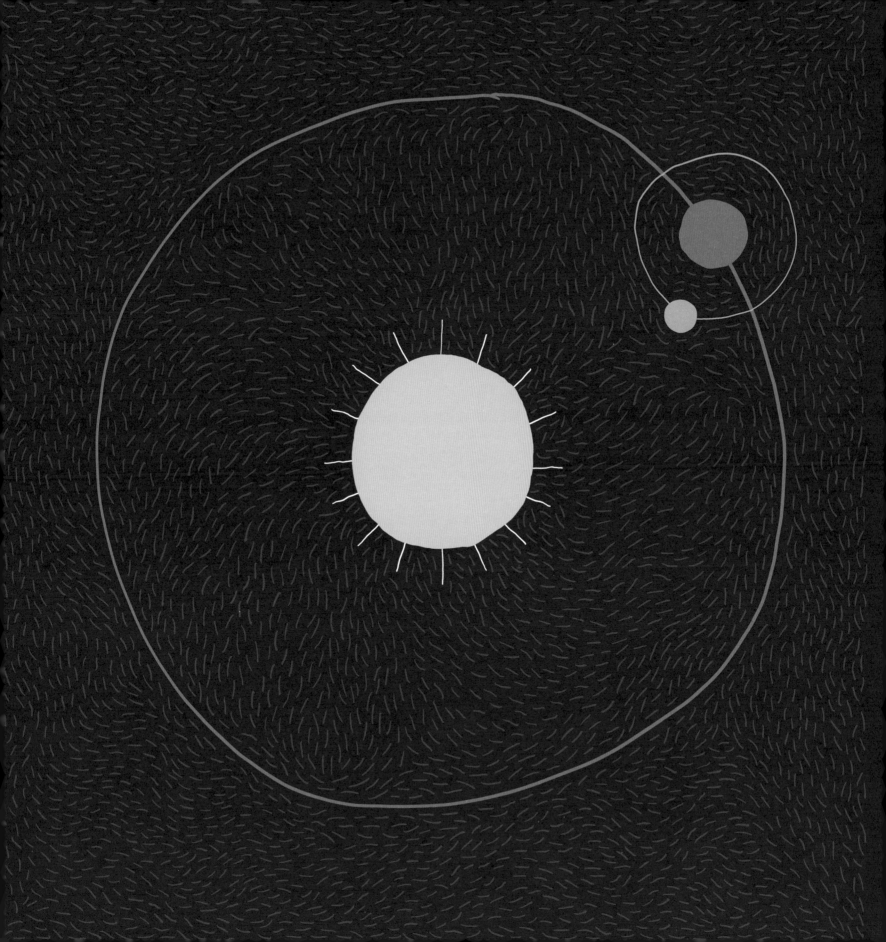

那时候，我们还是鱼。

我们游到海底，

游进洞里，

在世界各处游来游去。

我们想着："世界就是这样了。"

可是，世界没有一直保持这样。

水中出现了山。

雨一直下，风一直刮。

山峰被削矮了，

变成了沙子和土地。

陆地和植物出现了。

我们不再只是鱼。

我们爬上了岸，

变成了其他会呼吸的生物。

虽然，我们还不知道自己叫什么名字。

"世界就是这样了！"我们说。

可是，世界没有一直保持这样。
现在，世界上不仅有了鱼、高山和大海，
还有了陆地、树木和其他动物。
有一些动物长出了腿。
这就是我们。

可是，世界没有一直保持这样。

世界大喊了一声："鸟儿！"
我们中的一些长出了羽毛，
特别幸运的那些长出了翅膀。
有翅膀的鸟儿飞了起来，
填满了整片天空，
四处飞翔。
"世界就是这样了。"鸟儿说。

可是，世界没有一直保持这样。

我们一直不停地变化着。

我们中的一些变大了，一些变小了。

有些变得很危险，长出了锋利的牙齿。

有些跑得飞快。

有些很会隐藏自己。

还有一些非常聪明。

很遗憾，那些不聪明的死去了。

在很久很久

很久很久以前,

我们吃着土地里长出的食物,

在大树上睡觉。

当我们口渴的时候,只能等雨水落下。

下雨的时候,我们就躲到树下。

天冷的时候,我们有厚实的皮毛。

世界一直在变化。

老鼠、狐狸和鹿出现了。

狐狸做了窝，

鹿到处跑。

世界继续变化着。
我们能用手做很多事情，
能从树枝上摘到果子，
会给自己和别人挠痒痒。
那时候，我们是猿猴。

我们的数量变得很多很多。

我们遍布四方，

还组成了族群。

我们中的有些，会为别人做决定。

有些会长得越来越大，越来越强壮。

有些会变得更聪明。

有些会更笨。

小的猿猴，大的猿猴，

有些已经站起身，会用两条腿行走。

因为这样更容易采集食物，

更容易获得最好的果实。

我们一点儿都不想把食物分给别人。

我们制造了能储存东西的工具，

能刺、能敲打的工具，

还有长长的，能够到树梢的工具。

我们的手越来越灵巧。

世界就是这样了，

我们不会变得更聪明了。

因为现在的我们

已经比之前任何时候都聪明了。

现在，我们开始争吵，

争谁才是最聪明的。

我们撕咬、推搡，打起架来。

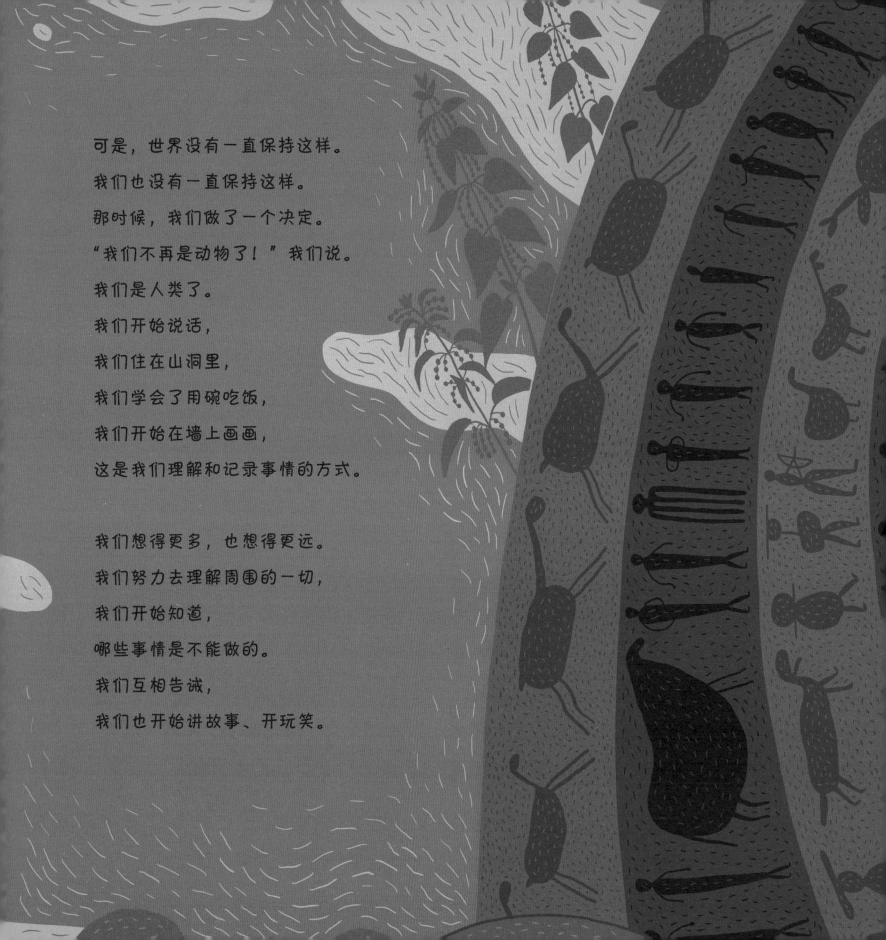

可是，世界没有一直保持这样。

我们也没有一直保持这样。

那时候，我们做了一个决定。

"我们不再是动物了！"我们说。

我们是人类了。

我们开始说话，

我们住在山洞里，

我们学会了用碗吃饭，

我们开始在墙上画画，

这是我们理解和记录事情的方式。

我们想得更多，也想得更远。

我们努力去理解周围的一切，

我们开始知道，

哪些事情是不能做的。

我们互相告诫，

我们也开始讲故事、开玩笑。

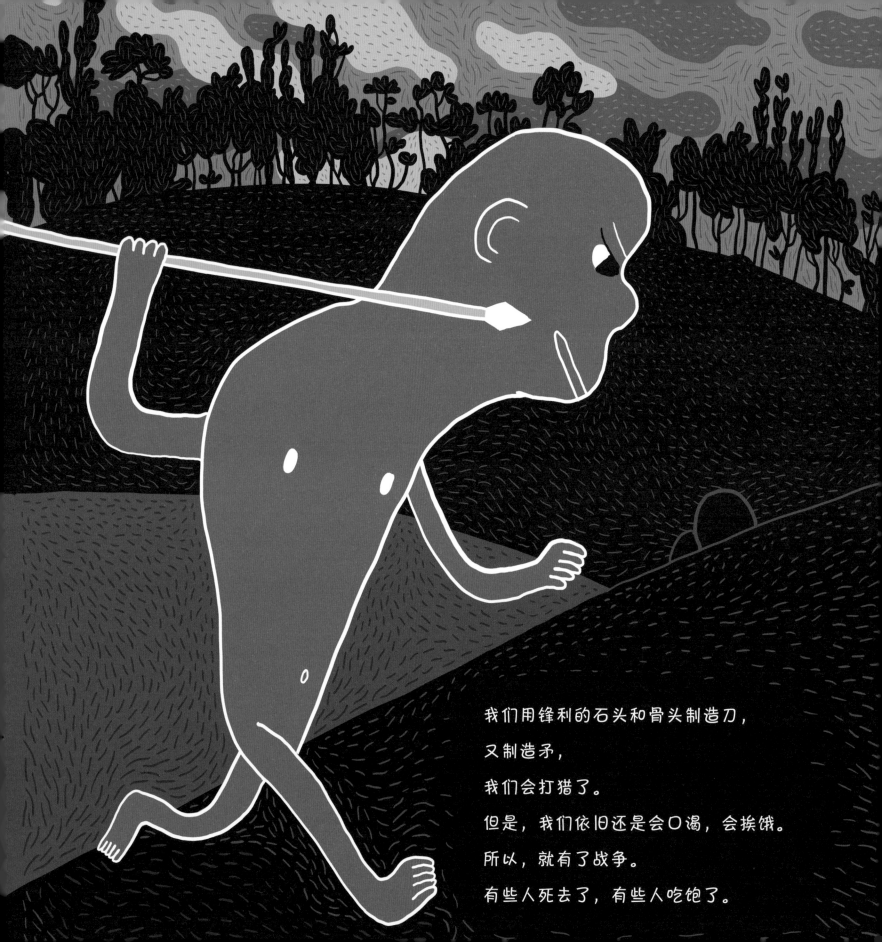

我们用锋利的石头和骨头制造刀，

又制造矛，

我们会打猎了。

但是，我们依旧还是会口渴，会挨饿。

所以，就有了战争。

有些人死去了，有些人吃饱了。

我们开始生火，

我们学会了用火烤肉、烧水，

烟熏着我们的眼睛。

夜晚的时候，我们会感到恐惧。

我们就围坐在火堆旁，

讲那些与黑暗有关的故事。

我们就这样不会再变了吧？

我们都有火了。

可是，世界不会一直保持这样，
不会的。
世界还在变化着，变得更冷了。
大的冰河纪开始了，
我们的脚都被冻僵了，我们必须搬家。

那时候我们过着群居生活，
人越来越多，
住在一起的人也越来越多。
于是，我们散开了，
形成了村落和部落。

我们觉得一些东西比别的东西更漂亮。

我们用白色的石头做出首饰，

让我们变得更美丽。

金子是所有东西中最好的。

一些人拥有的好东西比别的人更多。

我们翻过大山，穿过丛林。

我们找到有河流的地方定居。

如果发现别人的地盘更适合打猎，

更适合居住，

我们就会把他们赶跑。

我们收集石头和树枝，造起了房子，

这房子特别好，

我们不再需要搬家了。

我们的屋子紧紧挨在一起，

既安全，

又能相互照顾。

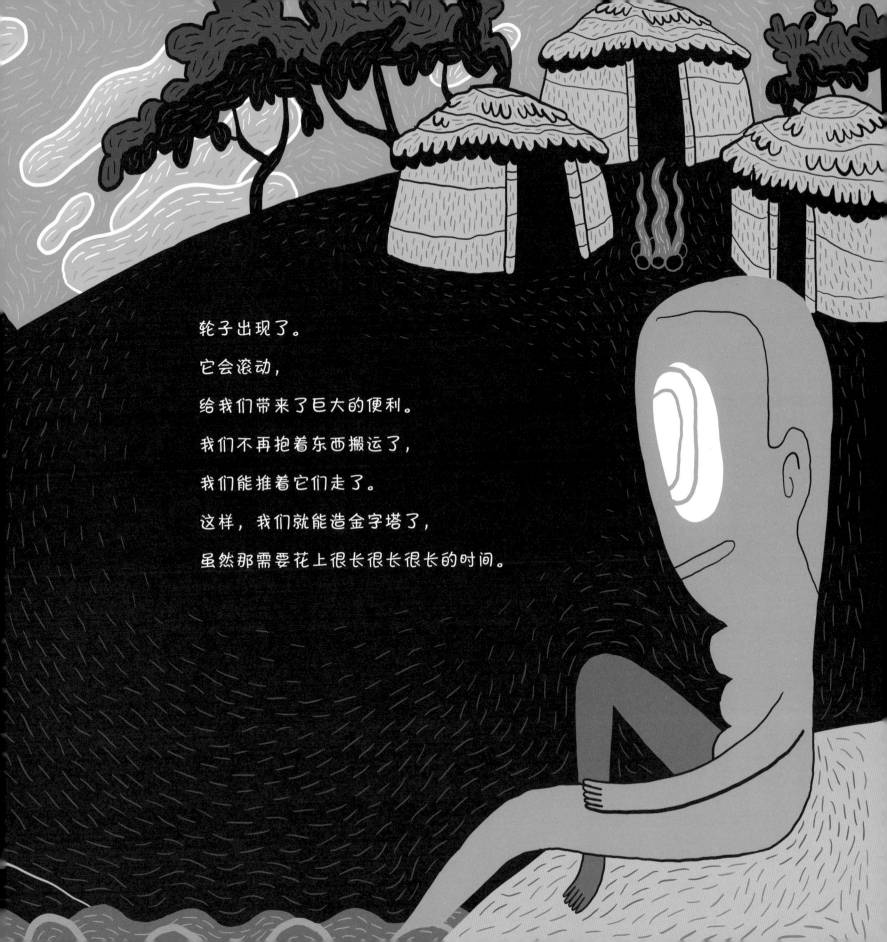

轮子出现了。

它会滚动，

给我们带来了巨大的便利。

我们不再抱着东西搬运了，

我们能推着它们走了。

这样，我们就能造金字塔了，

虽然那需要花上很长很长很长的时间。

从前，我们没有那么多东西。
当我们只有一样东西的时候，
我们只能一起分享、互相借用或
者去偷别人的。
我们会在夏天的时候一起去海边
游泳、打鱼、捞贝壳。

我们和牛成了好朋友，
狼也到了我们身边，
演化成了我们最忠实的伙伴。
我们给它取名叫"狗"，
喂它们食物，给它们起名字。
马不再仅仅是马，
它们要拉车、驮东西。
我们骑在它们身上，
我们驱使它们飞奔，直到汗流浃背。

我们为猪和羊做了决定。
猪成了我们的食物，
但它们可不喜欢这样，
于是我们把它们关进了栅栏，
这样它们就跑不掉了。

"现在，我们会一直
保持这样了。"我们说。

但是，我们并没有一直保持这样。
我们有了镜子，
我们梳齐头发、剪掉胡子，
把自己清洗干净。
然后，我们开始用叉子吃东西。
我们要在脚上穿鞋子，
我们要在头上戴帽子。

我们有了各种不同的工作。
不需要所有的人都去种地、碾玉米了。
一些人去烤面包，
一些人去做鞋子，
一些人去造桌子，一些人去搬石头，
我们现在需要好多好多的石头，
因为我们要修路，造房子和教堂。
城市出现了。

"我们应该会一直保持这样了。"我们说。

可是我们并没有一直保持这样。

一些人的房子，比别人的漂亮很多。

别的人也想要漂亮的房子。

还有一些人根本就没有房子。

一些人的工作比别人的好。

一些人得在地底下

深深的矿里工作。

他们从那里挖出铁、金子和铅，

还有很重很重的石头，

地面变得坑坑洼洼的。

我们在夜里也需要光亮，

所以我们造出了灯，

这样我们在晚上也能工作了。

很多东西都会带来危险，

到处都是老鼠。

我们生病，然后死去了；

我们打仗，然后死去了。

冬天，城市里的食物变得很少。

我们变瘦，然后死去了；

父亲们去了矿井，然后死去了；

去了森林，然后死去了；

去了海上，然后死去了。

有的妈妈死去了，有的孩子也死去了。

有些美丽的女人死去了，

死在精美的床上，

脖子上还佩戴着名贵的首饰。

后来我们有了药物、针筒和绷带，
救生艇和救生衣。
我们变得健康强壮，个子也更加高大。
我们的数量越来越多，
越来越多。
我们变胖了，
一些人因为吃得太多，
死去了。

我们有了很多很多的奶酪，
黄奶酪、白奶酪、棕奶酪，
还有蓝奶酪和带黑点的奶酪。
我们有了汽车、电话，
还有洗衣机。
我们有了那么多东西，
接着就得有更大的房子。
旅行的时候把房子锁起来。
我们建造了城市，
让大家都有地方住。

我们的腿脚都累了，
手臂和脑袋也累了。

于是我们造出了沙发、收音机和电视，
现在的我们，旅行是为了快乐，
我们会在夏天休假，
去海边或是去山里。
现在，我们会一直保持这样了。

但是，我们并没有就此停止，

因为现在一切都有了自己的主意。

城市在长大，

越来越大，

越来越高。

所有的东西都得有地方放，

于是我们建造了更多空间，

然后我们又想要更多的东西。

更多的鞋子，更多的装饰品，

更多的玩具火车、汽车、塑料玩偶和布娃娃。

我们想要有两辆车、三辆车，

我们的人数太多了，

所有人都想要所有的东西。

我们得有更多大工厂，

于是产生了更多废气和尾气。

"这回总可以了。"我们说。

"终于不会再变了。"我们说。

"不，"我们说，"我们还没结束呢！"

还没有，还不是现在。

因为我们总有更多想追求的东西。

更大，更好。

于是天气越来越热，

于是气候越来越干，

有些人拥有的太多，不愿分享，

有些人得到的太少，不够用。

我们生气了！

很多的雨，

很大的风暴，

冰雪融化了，动物搬家了，

动物死去了，

我们很生气，

因为那些消失的东西都

很美好，比如北极熊；

很珍贵，比如犀牛。

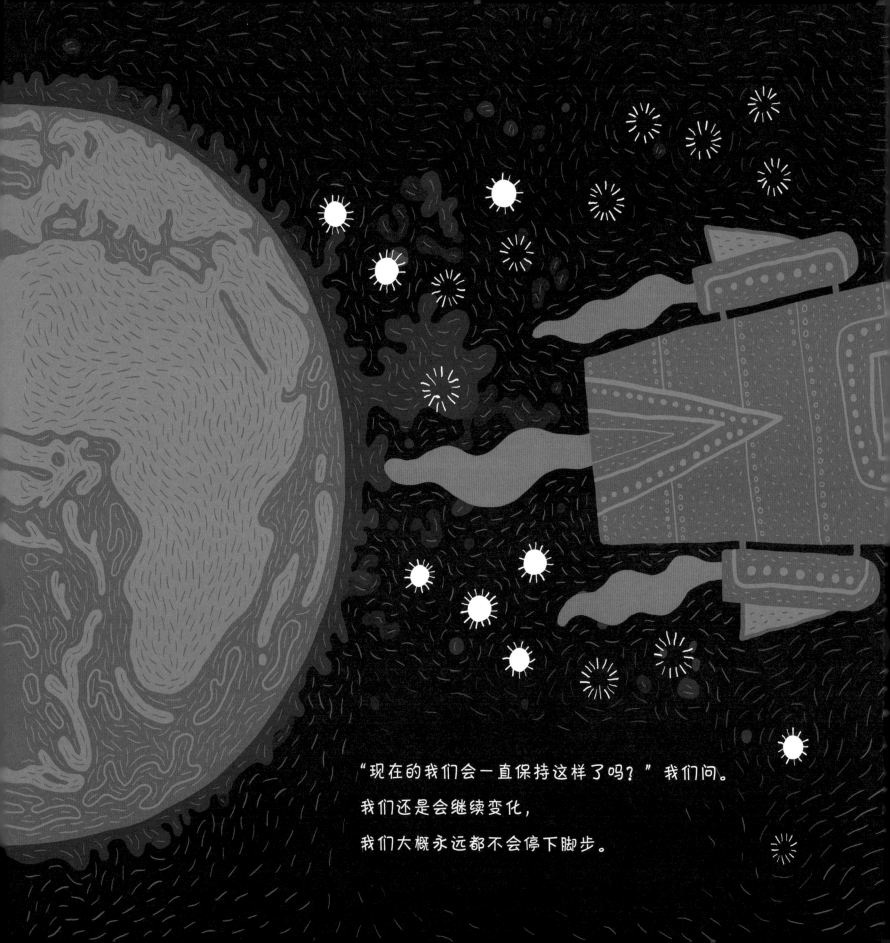

"现在的我们会一直保持这样了吗？"我们问。

我们还是会继续变化，

我们大概永远都不会停下脚步。

我们会一直变化。
世界在大声喊！
世界说：“太棒啦！”

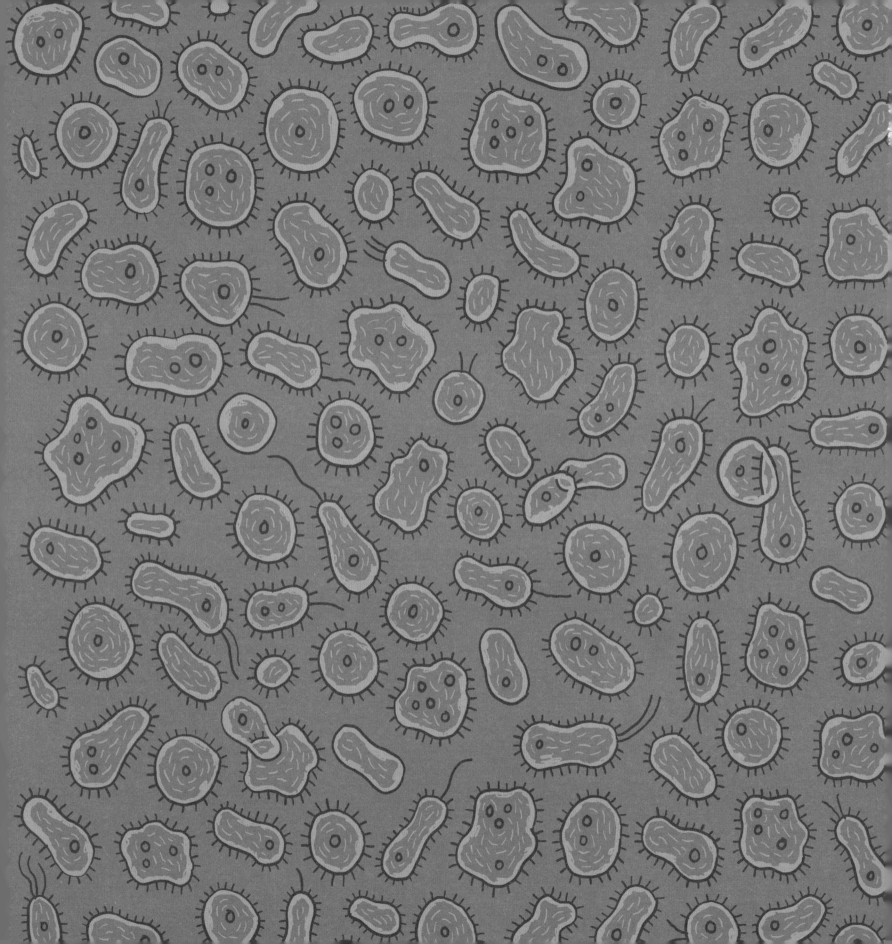